Jan Sauer

Praktikumsauswertung zur Magnetischen Kernspinresonanz

GRIN Verlag

Bibliografische Information der Deutschen Nationalbibliothek:

Die Deutsche Bibliothek verzeichnet diese Publikation in der Deutschen National-
bibliografie; detaillierte bibliografische Daten sind im Internet über http://dnb.d-
nb.de/ abrufbar.

Impressum:

Copyright © 2007 GRIN Verlag GmbH
Druck und Bindung: Books on Demand GmbH, Norderstedt Germany
ISBN: 978-3-640-93912-1

PHYSIKALISCHES PRAKTIKUM FÜR FORTGESCHRITTENE
TECHNISCHE UNIVERSITÄT DARMSTADT

Magnetische Kernspinresonanz zum Studium der Molekularen Dynamik

Abteilung B: Festkörperphysik

Jan Sauer

22.10.2007

Vorbereitung

Ziel des Versuchs war es, einen Einblick in die Theorie und die Anwendung der NMR-Spektroskopie zu bekommen. Es wurden mittels verschiedener Echo-Experimente charakteristische Größen gemessen, die Spin-Gitter- sowie die Spin-Spin-Relaxationszeit und den Diffusionskoeffizienten von Wasser in flüssiger Form und von Wasser, dass in Zeolith-A-Kristallen eingeschlossen war. Darüber hinaus wurde auch die Inhomogenität des Magnetfeldes untersucht.

Viele Atomkerne besitzt ein magnetisches Dipolmoment $\boldsymbol{\mu} = \gamma \cdot \mathbf{J}$ wobei γ das gyromagnetische Verhältnis und $\mathbf{J}$ den Drehimpuls darstellen. Für Protonen ist das gyromagnetische Verhältnis $\gamma = 2{,}675 \cdot 10^8$ (sT)$^{-1}$. Bringt man diese Atome in ein starkes Magnetisches Feld $\mathbf{B_0} = B_0 \cdot \mathbf{e_z}$ so richten sich die Dipolmomente entweder parallel oder antiparallel zum Feld aus. Da für die potentielle Energie im Magnetfeld $E = -\boldsymbol{\mu} \cdot \mathbf{B_0}$ gilt, befinden sich die Dipolmomente auf zwei verschiedenen Energieniveaus. Gemäß einer Boltzmannverteilung wird das niedrigere Energieniveau bevorzugt, was dazu führt, dass eine Gesamtmagnetisierung entsteht.

Bestrahlt man nun die Probe mit einem kurzen Hochfrequenzpuls (wir legen die Einstrahlrichtung auf die y-Achse), der senkrecht zum B_0-Feld und damit senkrecht zur Magnetisierung steht und den wir mit B_1 bezeichnen, so verursacht dies ein Drehmoment

$$\vec{M} = \vec{\mu} \times \vec{B_1} = \gamma \vec{J} \times \vec{B_1} = \vec{J} \times \vec{\omega},$$

wobei der Drehimpuls $\underline{J}$ um die Einstrahlachse mit der Larmorfrequenz $\boldsymbol{\omega} = \gamma \cdot \mathbf{B_1}$ präzediert. Da der Drehimpuls ebenfalls um das B_0-Feld präzediert, sobald er die Gleichgewichtslage verlässt, betrachten wir die Probe in einem rotierenden Koordinatensystem, in dem es sich nur in der y-z-Ebene bewegt.

Nachdem der HF-Puls zu ende ist, strebt der Magnetisierungsvektor wieder seiner Gleichgewichtslage zu. Dies äußert sich in der Spin-Gitter-Relaxation, bei der die z-Komponente der Magnetisierung wieder ihrem Gleichgewichtswert exponentiell zustrebt ($\mathbf{M_z} \rightarrow \mathbf{M_0}$). Die charakteristische Zeit hierfür nennen wir T_1. Ebenso führt die Spin-Spin-Relaxation dazu, dass die x- und y-Komponenten (im Laborsystem, nicht im bewegtem Koordinatensystem) der einzelnen magnetischen Dipolmomenten dephasieren. Da die einzelnen Dipole ebenfalls ein eigenes magnetisches Feld besitzen erfahren die Dipole zusätzlich zum B_0-Feld statistisch ungeordnete, kleinere Magnetfelder, die dazu führen, dass die Spins dephasieren. Die resultierende Magnetisierung nimmt somit ab und strebt gegen $\mathbf{M_X} = \mathbf{M_Y} = \mathbf{0}$. Die charakteristische Zeit hierfür nennen wir T_2. Da die Larmorfrequenz vom Magnetfeld abhängt, präzedieren manche Spins in einem inhomogenem Magnetfeld schneller als andere, was zu einer deutlich schnelleren Dephasierung führt. Wir nennen diese Zeit T_2^*. Die Bewegungsgleichungen, die das Verhalten der Magnetisierungskomponenten darstellen, heißen Blochsche Gleichungen.

Wir bezeichnen Pulse, die den Magnetisierungsvektor in die x-y-Ebene drehen, als $\pi/2$-Pulse und Pulse, die den Magnetisierungsvektor auf die negative z-Achse drehen (also um 180° drehen) als π-Pulse. Wird die Probe mit einem $(\pi/2)_{-y}$-Puls bestrahlt, so wird die Magnetisierung auf die x-Achse gedreht und die Spins beginnen in der x-y-Ebene zu diffundieren. Wird nach der Zeit τ dann ein π_{-y}-Puls eingestrahlt, so klappen die Spins entsprechend um 180° um. Sie laufen nun wieder zusammen. Zum Zeitpunkt 2τ ist dann ein Amplitudenmaximum zu sehen. Dies ist das Vorgehen beim Hahnecho Experiment.

Das stimulierte Echo funktioniert sehr ähnlich. Als erstes wird wieder ein $\pi/2$-Puls gestrahlt. Nach der Zeit τ wird ein weiterer $\pi/2$-Puls gestrahlt. Nun befinden sich die Magnetisierungsvektoren auf der z-Achse und es wirkt nur noch die Spin-Gitter-Relaxation. Nach einer Zeit t_m wird dann ein weiterer $\pi/2$ Puls gestrahlt, so dass die Spinvektoren wie beim Hahnecho auf der x-y-Ebene zusammenlaufen und ein Echo bilden. Der Vorteil bei diesem Experiment ist, dass die Spins Zeit zum diffundieren haben, ohne Einfluss der Spin-Spin-Relaxation wenn $T_1 > T_2$ gilt. Somit hat die Diffusion eine stärkere Wirkung und kann genauer bestimmt werden.

Versuchsaufbau und -Durchführung

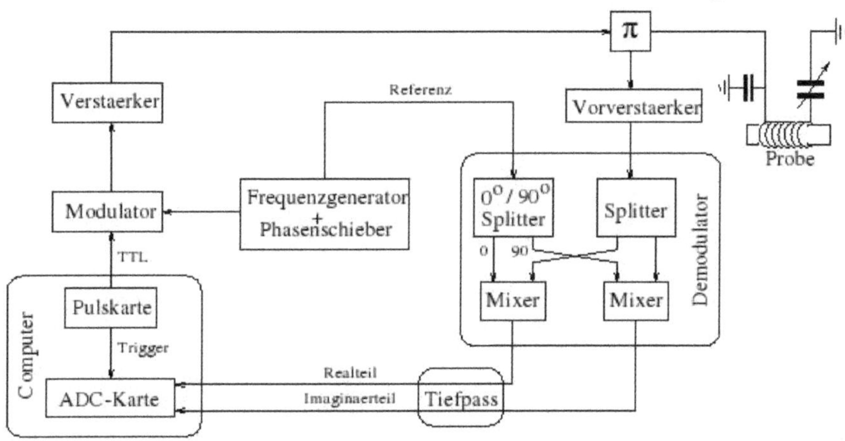

Abb. 1: In der Abbildung nicht dargestellt ist das Magnetfeld, in dem sich die Probe befindet.
(Quelle: Versuchsanleitung, Abbildung 9)

Die zu untersuchende Probe befindet sich in einem leicht inhomogenem, zeitunabhängigem Magnetfeld. Die Pulskarte im Computer gibt einen Rechteckpuls ab, der für die zeitliche Begrenzung des Hochfrequenzpulses, der aus dem Frequenzgenerator stammt, zuständig ist. Das Signal wird im Verstärker verstärkt und an die Spule um die Probe weitergeleitet, so dass ein Magnetfeld in der x-y-Ebene entsteht. Die Spule ist nicht nur für den HF-Puls zuständig, sondern auch für die darauffolgende Messung der Magnetisierung, die einen Strom induziert. Es ist nur möglich, die Magnetisierung in der x-y-Ebene zu messen. Um diese doppelte Funktion zu ermöglichen, sorgt das π-Element dafür, dass die starken HF-Pulse an die Spule und die schwachen Messspannungen an die Auswertungselektronik weitergeleitet werden.

Im Demodulator wird das Signal mit zwei anderen Signalen überlagert, die jeweils um 90° Phasenverschoben sind. Das ankommende Signal entspricht der Form

$$U_0 \sim \cos(\omega_0 \cdot t + \varphi_0) \cdot \exp(-t/T_2^*)$$

und wird zu den beiden Signalen

$$U_1 \sim \cos(\omega_r \cdot t + \varphi_1)$$
$$U_2 \sim \sin(\omega_r \cdot t + \varphi_1)$$

multipliziert. Danach wird es durch einen Tiefpassfilter geführt, was dazu führt, dass die beiden entstehenden Signale folgende Form haben:

$U_1 \sim \cos[\,(\omega_r - \omega_0) \cdot t + (\varphi_1 - \varphi_0)\,] \cdot \exp(-t/T_2^*)$
$U_2 \sim \sin[\,(\omega_r - \omega_0) \cdot t + (\varphi_1 - \varphi_0)\,] \cdot \exp(-t/T_2^*)$

Diese beiden Spannung werden als "Realteil" (U_1) und "Imaginärteil" (U_2) bezeichnet. Der Term "exp(-t/T_2^*)" gibt den Abfall des Signals aufgrund der Relaxation und Feldinhomogenität an. Ziel ist es, ω_r an ω_0 anzupassen, so dass die aufgetragene Spannung nur noch die Relaxation darstellt und somit als Maß für die Magnetisierung verwendet werden kann (im Weiteren wird die Magnetisierung immer in Skalenteilen angegeben). Ebenso war es das Ziel, den Imaginärteil verschwinden zu lassen, so dass der Realteil maximal wird und genauere Auswertungen erlaubt. Dazu wurde die Phase des Frequenzgenerators verändert. Dies hat jedoch auch einen praktischen Zweck. Wenn die Frequenz des einkommenden Signals zu hoch ist, kann die ADC-Karte das Signal nicht richtig verwerten. Aus diesem Grund musste die Frequenz gedrosselt werden, so dass es zu keinen fehlerhaften Messungen kam.

Zur Vorbereitung wurde der Kondensator im Probenkopf, der eine Variable Kapazität hat, so verändert, dass die Resonanzfrequenz des Schwingkreises der Larmorfrequenz des Wasser entspricht. Dies ist wichtig, weil sonst ein Leistungsverlust vorhanden wäre, der die Messung beeinträchtigt hätte. Die Frequenz ω_0, wie sie in obiger Beschreibung der Signalverarbeitung verwendet wurde, entspricht nun der Larmorfrequenz und die Frequenz ω_r des Frequenzgenerators (im Idealfall) ebenso. Die Larmorfrequenz in unserem Aufbau war $\omega_0 = 99{,}545$ MHz. Die Phase des Frequenzgenerators wurde auf $\varphi_1 = 339°$ eingestellt.

Zum Ablauf der Messungen:

Als erstes wurde reines Wasser als Probe verwendet. Für diese Probe wurden erst die Pulslängen eingestellt, indem ein Programm für verschiedene Werte für t die Amplituden nach der Drehung in der x-y-Ebene gemessen hat. Der Länge des $\pi/2$-Puls ist offensichtlich die Zeit $t_{\pi/2}$, bei der die Amplitude maximal ist. Ebenso ist die Länge des π-Pulses die Zeit t_π, bei der die Amplitude null ist. Danach wurde mittels eines Inversion Recovery Experiments die Zeit T_1 bestimmt. Das bedeutet einfach nur, dass die Probe mit einem π-Puls bestrahlt und zu verschiedenen Zeiten τ danach die Amplitude gemessen wurde. Die Amplitude erholt sich gemäß der Gleichung:

$$S(\tau) = S_0 \cdot (1 - m \cdot e^{-\tau/T_1})$$

Hier ist eine Anmerkung zu machen. Integriert man die Blochsche Gleichung, so erhält man $m = 2$. Wir verwenden dies aber absichtlich nicht, da der π-Puls relativ ungenau ist und dieser die Magnetisierung nicht perfekt auf die -z-Achse dreht. Nach der Bestimmung von T_1 wird ein Hahnecho und ein stimuliertes Echo Experiment durchgeführt. Beim stimulierten Echo wurde ein τ festgehalten und die Zeit t_m diente als Variable. Die Probe wurde daraufhin um 7,5cm nach oben versetzt, um sie dem inhomogenem Magnetfeld auszusetzen. Hier wurde wieder ein stimuliertes Echo durchgeführt mit dem Ziel, den Gradienten zu ermitteln. Die Larmor- und Pulsgeneratorfrequenz mussten natürlich verändert werden, da B_0 an dieser Stelle anders ist als im homogenen Abschnitt. Es gilt $\omega_0 = 93{,}5$ MHz. Ebenso wurde die Phase verändert, sie beträgt $\varphi_1 = 280°$

Danach wurde das reine Wasser durch die mit Wasser gefüllten Zeolith-A Kristallen ersetzt und wieder in den homogenen Abschnitt des Magnetfeldes verschoben. Hier wurde erst die Phase wieder neu eingestellt (auf $\varphi_1 = 345°$), um den Imaginärteil so gering wie möglich zu machen. Die Larmorfrequenz wurde wieder auf $\omega_0 = 99{,}545$ MHz gestellt, da es sich nach wie vor noch um Protonenkerne handelt. Danach erfolgte die übliche Pulslängenbestimmung und eine Inversion Recovery Messung. Die Probe wurde erneut um 7,5cm in den inhomogenen Abschnitt angehoben und es wurde übernacht ein stimuliertes Echo Experiment durchgeführt für zwei Werte für τ. Ziel hierbei war es, die Diffusionskoeffizienten für die beiden Zeiten zu bestimmen.

Auswertung

Bestimmung der Pulslänge für Wasser:

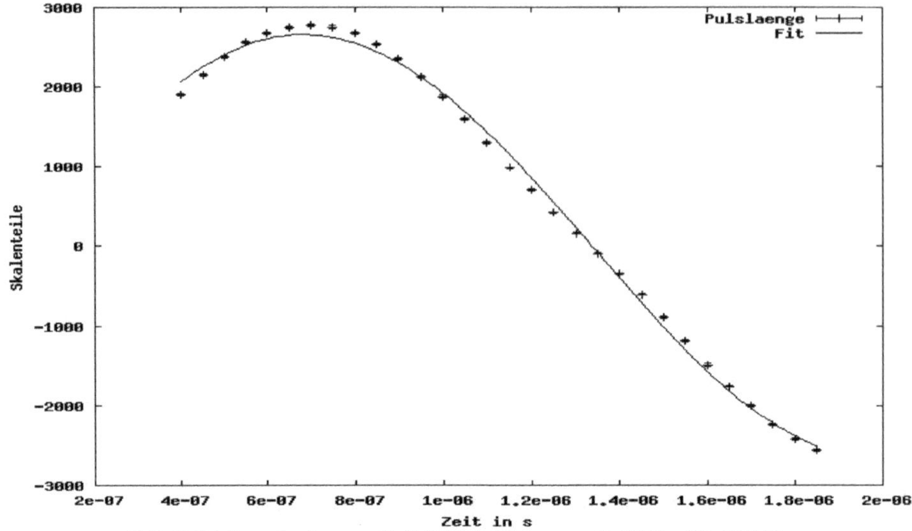

(Abb. 2: Pulslängenbestimmung für H_2O bei der Temperatur 18,473°C = 291,6230 K)

Da sich der Magnetisierungsvektor auf einem Kreis um die Einstrahlachse des Hochfrequenzpulses bewegt, kann man die Datenpunkte an die Funktion

$$S(t) \; = \; S_0 \cdot \cos(b \cdot t + c)$$

fitten. Ein solcher Fit liefert als Ergebnis:

- $S_0 = (2658,55 \pm 26,3)$ Skt.
- $b = (2,40064 \cdot 10^6 \pm 3,219 \cdot 10^4)$ s^{-1}
- $c = 48,6271 \pm 0,04194$

Eine einfache analytische Betrachtung des ersten Maximums im positiven Bereich (die Zeit soll schließlich im positiven sein und einem einfachen 90° Puls entsprechen) und des Nullpunktes nach diesem Maximum liefert:

- 90° Puls: $t = (6,825 \cdot 10^{-7} \pm 1,9722 \cdot 10^{-8})$ s
- 180° Puls: $t = (13,368 \cdot 10^{-7} \pm 2,503 \cdot 10^{-8})$ s

Die Fehler wurden mittels einer gaußschen Fehlerrechnung ermittelt. Während des Experiments wurden nicht die tatsächlichen Werte verwendet sondern geschätzte Werte. Verwendet wurden:

- 90° Puls: $t = 7 \cdot 10^{-7}$ s
- 180° Puls: $t = 13,3 \cdot 10^{-7}$ s

Wie man sieht, liegen diese Werte noch in den Fehlerschranken.

Inversion Recovery für Wasser im leicht inhomogenem Feld:

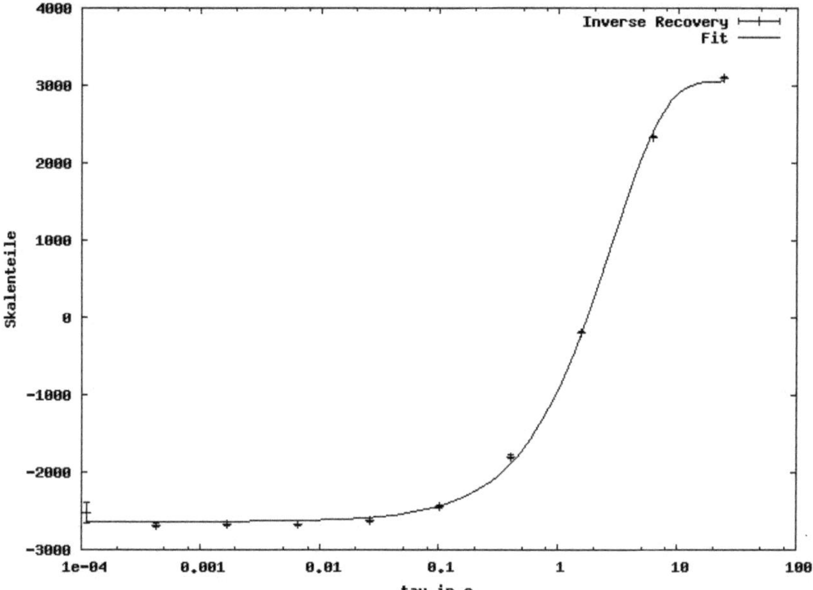

(Abb. 3: Inversion Recovery Messung mit Fit; logarithmische x-Achse; für H_2O bei der Temperatur 18,473°C = 291,6230 K)

Die Datenpunkte wurden an die Formel:

$$S(\tau) = S_0 \cdot (1 - m \cdot e^{-\tau/T_1})$$

angepasst. Ein Fit ergab die Werte:

- $S_0 = (3060,42 \pm 67,47)$ Skt.
- $m = 1,86142 \pm 0,02208$
- $T_1 = (2,82502 \pm 0,1167)$ s

Hahnecho und Stimuliertes Echo für Wasser im leicht inhomogenem Feld:

Aus dem Anleitungsblatt geht hervor, dass für das Hahnecho die Amplitude in Abhängigkeit von τ der Gleichung

$$S(\tau) = S_0 \cdot e^{-\frac{2}{3} \cdot D \cdot g^2 \cdot \gamma^2 \tau^3 - \frac{2 \cdot \tau}{T_2}}$$

genügt. Für das stimulierte Echo gilt:

$$S(t_m, \tau) = S_0 \cdot e^{-D \cdot g^2 \cdot \gamma^2 \tau^2 \cdot (t_m + \frac{2}{3}\tau) - \frac{2 \cdot \tau}{T_2} - \frac{t_m}{T_1}}$$

Für den Diffusionskoeffizienten D gilt D = 1,9424 · 10^{-9} m² · s⁻¹ [1] bei der Temperatur 291,6 K. Darüber hinaus gilt für Wasser bei Raumtemperatur $T_2 \approx T_1$ = 2,82502 s. Ein Fit an die Daten ergibt für die Hahnecho Gleichung:

- S_0 = (4285,8733 ± 11,54) Skt.
- g = (0,0279 ± 5,872·10^{-4}) Tm⁻¹

Im folgenden Schaubild sind der Fit an die Messwerte für das Hahnecho und die beiden Einzelteile der Gleichung für das Hahnecho, der Diffusionsanteil und der Relaxationsanteil, dargestellt. Der Diffusionsanteil ist offensichtlich wesentlich gewichtiger als der Relaxationsanteil.

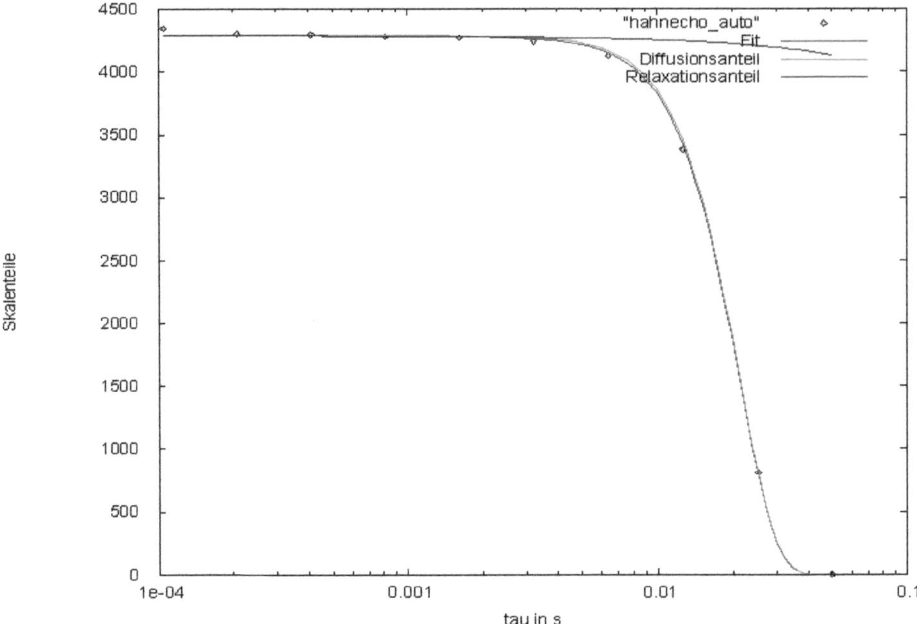

(Abb. 4: Hahnecho Messung mit Fit, logarithmische x-Achse; für H_2O bei der Temperatur 18,473°C = 291,6230 K)

---

(1) Hergeleitet aus Gleichung (1) aus „Temperature-dependent self-diffusion coefficients of water and six selected molecular liquids for calibration in accurate [1] H NMR PFG measurements" von Manfred Holz, Stefan R. Heil und Antonio Sacco. Veröffentlicht in „Physical Chemistry Chemical Physics" Vol. 2 (2000), Seiten 4740-4742

Dies sehen wir auch, wenn wir die Gleichung umformen und

$$\log\left(\frac{S(\tau^3)}{S_0}\right) = -\frac{2}{3} \cdot D \cdot g^2 \cdot \gamma^2 \cdot \tau^3 - \frac{2 \cdot \tau}{T_2}$$

graphisch darstellen. Wir sehen, dass das resultierende Schaubild eine Gerade ist, d.h. der τ^3-Term der Diffusion ist gewichtiger, als der τ-Term der Relaxation.

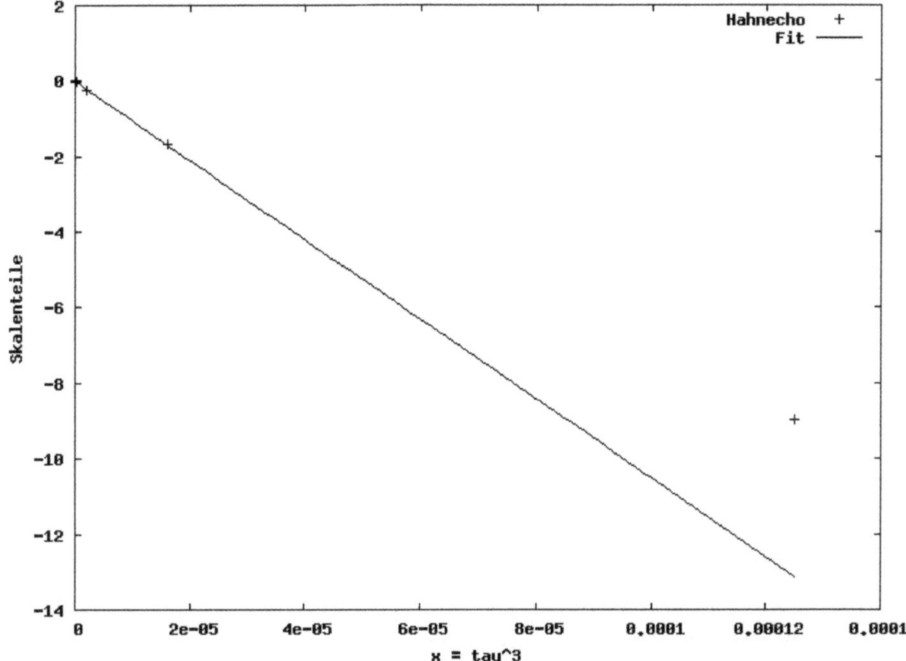

(Abb. 5: Aufgetragen ist g(x) = log(S(τ^3)/S$_0$); mit x = τ^3; für H$_2$O bei der Temperatur 18,473°C = 291,6230 K)

Da es unmöglich ist, die Punkte bis auf die letzten drei auf diesem Schaubild auseinanderzuhalten[1] ist es sinnvoller, eine logarithmische x-Skala zu verwenden.

---

1   Die restlichen Messwerte befinden sich auf dem verschwommenen Fleck, der scheinbar bei x = 0 sitzt.

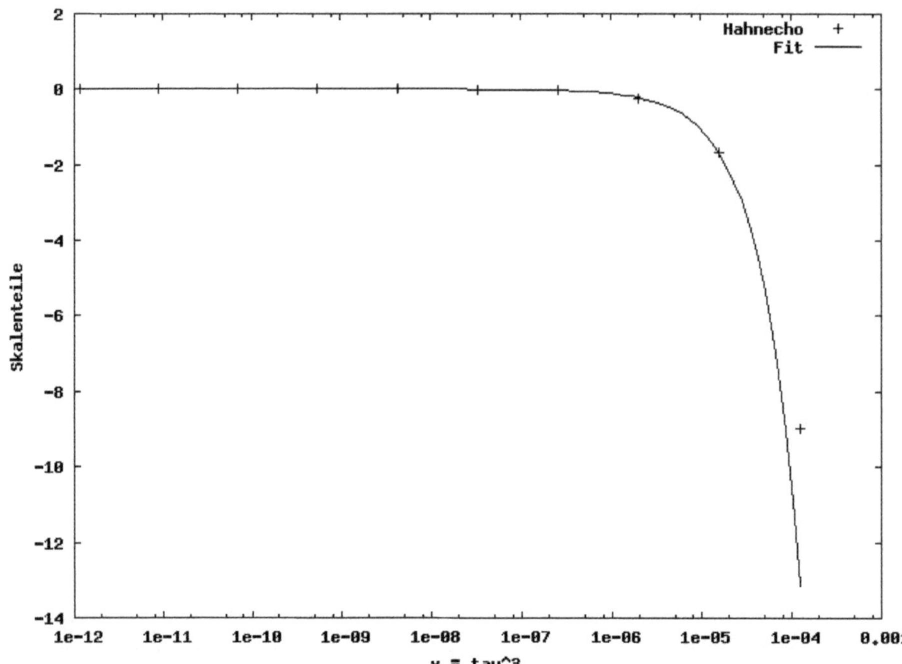

(Abb. 6: Aufgetragen ist $g(x) = \log(S(\tau^3)/S_0)$; mit $x = \tau^3$ auf einer logarithmischen Skala; für H_2O bei der Temperatur 18,473°C = 291,6230 K)

Bis auf den letzten Punkt stimmen die Punkte sehr gut mit der Geraden überein.

Wieso der letzte Punkt nicht dem erwartetem Wert entspricht liegt vermutlich an der Messung. Der gemessene Wert lag bei 0,53 Skalenteilen (vgl. Abb. 4). Kleine Defekte im Versuchsaufbau können zu einem „Rauschen" führen, die bei diesem kleinen Messwert durchaus eine Rolle spielen können.

Für das stimulierte Spin Echo wurde eine Zeit $\tau = 1 \cdot 10^{-3}$ s verwendet. Als Wert für den Gradienten ergab sich:

- $S_0 = (1790,22 \pm 8,601)$ Skt.
- $g = (0,032404 \pm 2,47 \cdot 10^{-3})$ Tm^{-1}

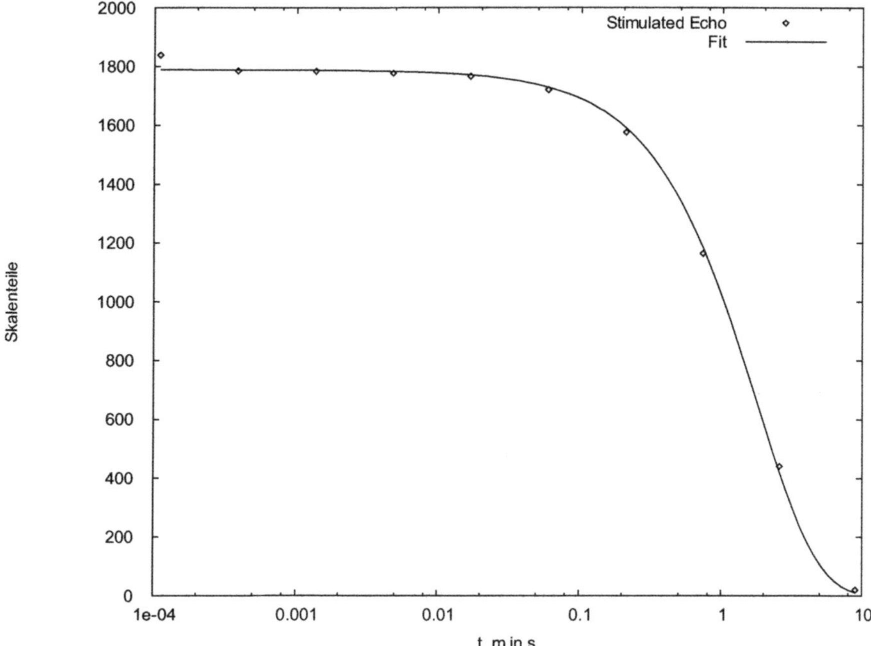

(Abb. 7: Stimulated Spin Echo und Fit, logarithmische x-Achse; für H_2O bei der Temperatur 18,473°C = 291,6230 K)

Stimuliertes Echo für Wasser im stark inhomogenen Feld:

Der Zweck dieser Messung ist es, den Gradienten des Magnetfeldes an der Position der Probe zu ermitteln (7,5 cm höher als bei der ersten Messung). Dieser kann dann später verwendet werden, wenn wir den Diffusionskoeffizienten der mit Wasser gefüllten Zeolith-A-Kristallen bestimmen wollen. Es gilt selbstverständlich die selbe Gleichung wie bei der homogenen Probe:

$$S(t_m, \tau) = S_0 \cdot e^{-D \cdot g^2 \cdot \gamma^2 \tau^2 \cdot (t_m + \frac{2}{3}\tau) - \frac{2 \cdot \tau}{T_2} - \frac{t_m}{T_1}}$$

Ebenso ist τ wieder fest und t_m die einzige Variable und es gilt $\tau = 1.1 \cdot 10^{-4}$ s. Die Fitparameter sind g und S_0. Wir benutzen hier wieder die Tatsache, dass bei Wasser $T_1 \approx T_2$ gilt. Ein Fit an die Datenpunkte ergibt:

- $S_0 = (1143,08 \pm 6,129)$ Skt.
- $g = (9,875 \pm 0,1828)$ Tm^{-1}

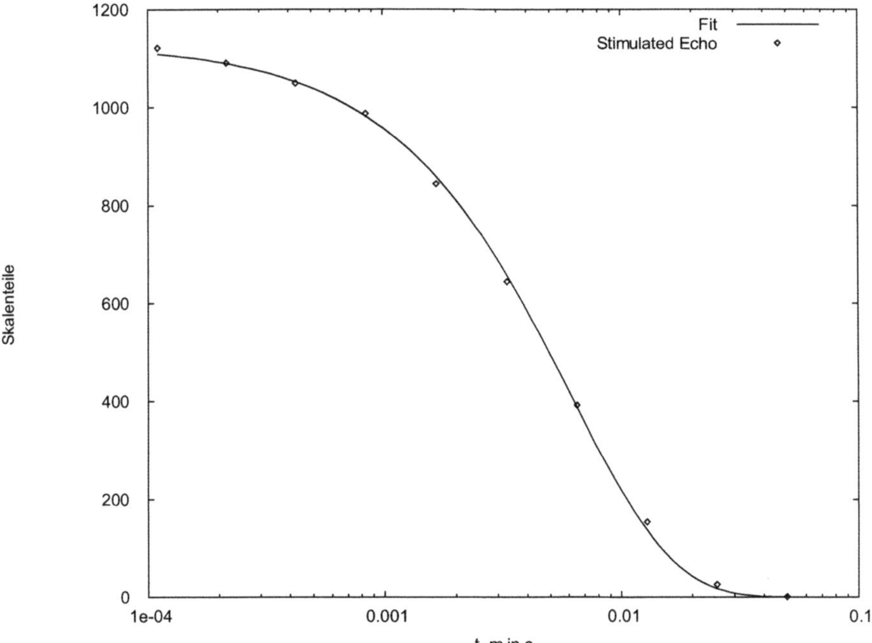

(Abb. 8: Stimulated Spin Echo im inhomogenen Feld und Fit, logarithmische x-Achse; für H$_2$O bei der Temperatur 18,473°C = 291,6230 K)

Man sieht, dass die Magnetisierung in der x-y-Ebene viel früher verschwindet als bei einem sehr kleinen Gradient, obwohl τ um ein zehnfaches kürzer war.

Pulslängenbestimmung für Wasser in Zeolith-A-Kristallen:

Die Probe befindet sich wieder im schwach inhomogenen Bereich des Magnetfeldes. Wir verwenden wieder den Realteil zur Bestimmung der Pulslänge und stellen fest, dass die Datenpunkte nicht mehr einer einfachen Kosinusfunktion genügen. Dies liegt daran, dass die Spins aufgrund der Feldinhomogenität nicht alle mit derselben Larmorfrequenz präzedieren. Tatsächlich entspricht das Schaubild einer Summe von Schwingungen bei unterschiedlichen Frequenzen.

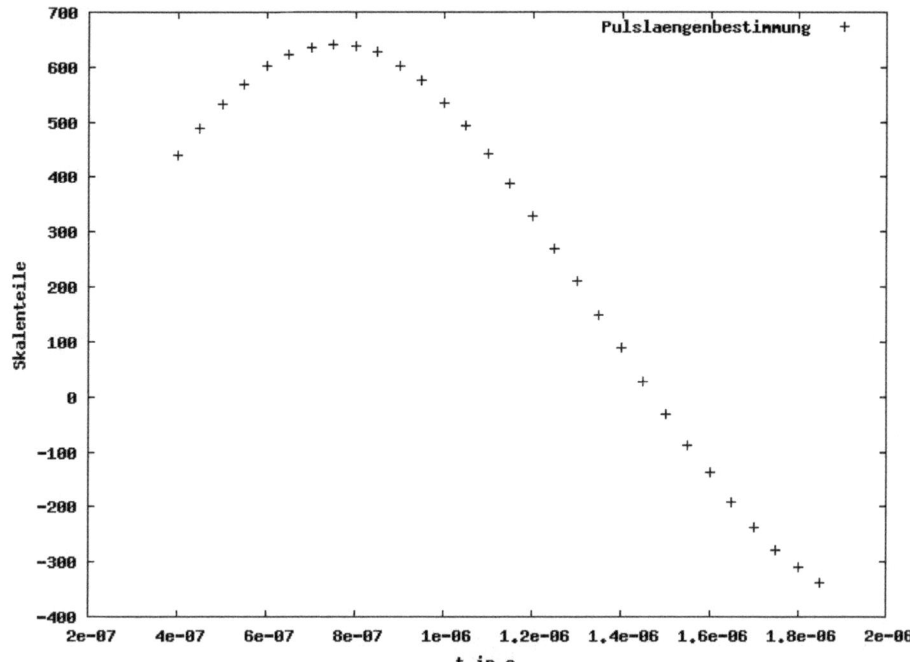

(Abb. 9: Realteil der Pulslängenbestimmung für die Zeolith-A-Kristalle bei der Temperatur 18,473°C = 291,6230 K)

Ein Fit ist daher unmöglich. Die Pulslängen können höchstens abgeschätzt werden. Für die weiteren Messungen verwendeten wir:

- 90° Puls: $t = 7{,}7 \cdot 10^{-7}$ s
- 180° Puls: $t = 14{,}7 \cdot 10^{-7}$ s

Inversion Recovery für Wasser in Zeolith-A-Kristallen:

Wie beim reinen Wasser wurden die Datenpunkte an die Gleichung:

$$S(\tau) = S_0 \cdot (1 - m \cdot e^{-\tau/T_1})$$

gefittet. Die ermittelten Werte sind dann:

- $S_0 = (607{,}854 \pm 3{,}576)$ Skt.
- $m = 1{,}75256 \pm 0{,}00657$
- $T_1 = (0{,}04406 \pm 5{,}872 \cdot 10^{-4})$ s

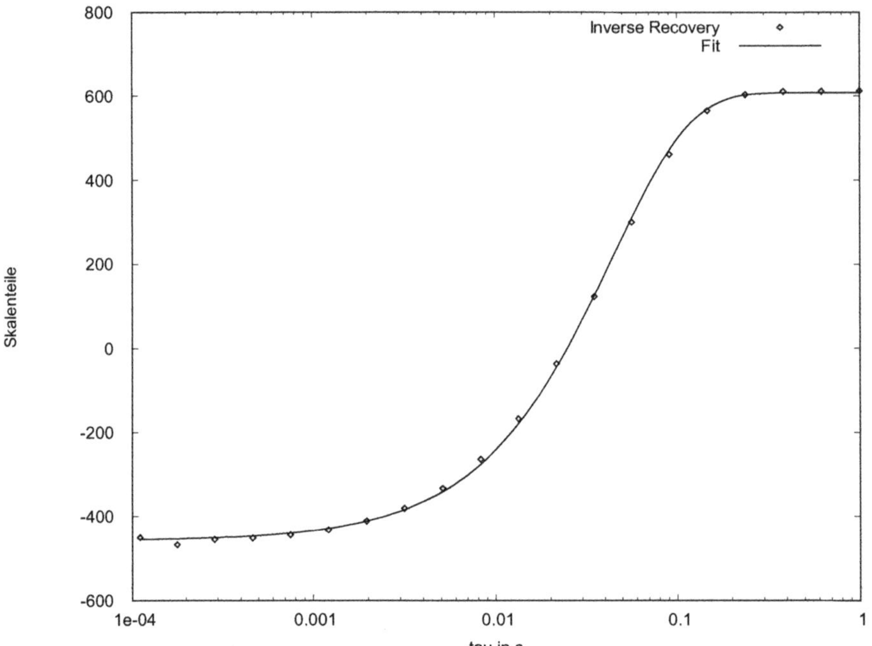

(Abb. 10: Inversion Recovery Datenpunkte mit Fit für die Zeolith-A-Kristalle bei der Temperatur 18,473°C = 291,6230 K)

Wir sehen, dass sich der Verdacht einer kürzeren Relaxationszeit auf jeden Fall für T_1 bestätigt hat.

Stimuliertes Echo für Wasser in Zeolith-A-Kristallen im stark inhomogenen Feld:

Es gilt wieder die Gleichung:

$$S(t_m,\tau) = S_0 \cdot e^{-D \cdot g^2 \cdot \gamma^2 \tau^2 \cdot (t_m + \frac{2}{3}\tau) - \frac{2\cdot\tau}{T_2} - \frac{t_m}{T_1}}$$

Die Probe befindet sich wieder im stark inhomogenen Bereich des Magnetfeldes. Den Gradienten kennen wir bereits aus der Messung mit dem reinen Wasser. Es gilt $g = (9{,}875 \pm 0{,}1828)$ Tm^{-1}. Für diese Messung ist T_2 jedoch nicht interessant. Der Term $2\tau/T_2$ wird somit zu einer konstante, die wir aus dem Exponenten raus ziehen und in das S_0 mit einbeziehen können.

$$S(t_m,\tau) = S_0^{\alpha} \cdot e^{-D \cdot g^2 \cdot \gamma^2 \tau^2 \cdot (t_m + \frac{2}{3}\tau) - \frac{t_m}{T_1}}$$

Es bleibt nur noch D und $S_0^{\alpha} = S_0 * \exp(2\tau/T_2)$ zu bestimmen. Es ergeben sich folgende Ergebnisse für beide τ-Werte.

$\tau = 1{,}1 \cdot 10^{-4}$:

- $S_0 = (195{,}71 \pm 2{,}5)$ Skt.
- $D = (5{,}7755 \cdot 10^{-10} \pm 1{,}45 \cdot 10^{-11})$ m$^2 \cdot$ s^{-1}

$\tau = 1{,}8 \cdot 10^{-3}$:

- $S_0 = (15{.}1745 \pm 0{,}2538)$ Skt.
- $D = (9{,}5738 \cdot 10^{-12} \pm 5{,}035 \cdot 10^{-13})$ m$^2 \cdot$ s^{-1}

Die Messung bei $\tau = 1{,}8 \cdot 10^{-3}$ liefert leider sehr unzufriedenstellende Werte, wie man anhand der stark streuenden Werte sehen kann. Da die Magnetisierung bei unter 15 Skalenteilen liegt, sind rauschen und ungewollte Defekte an der Messapparatur auch nicht mehr zu vernachlässigen.

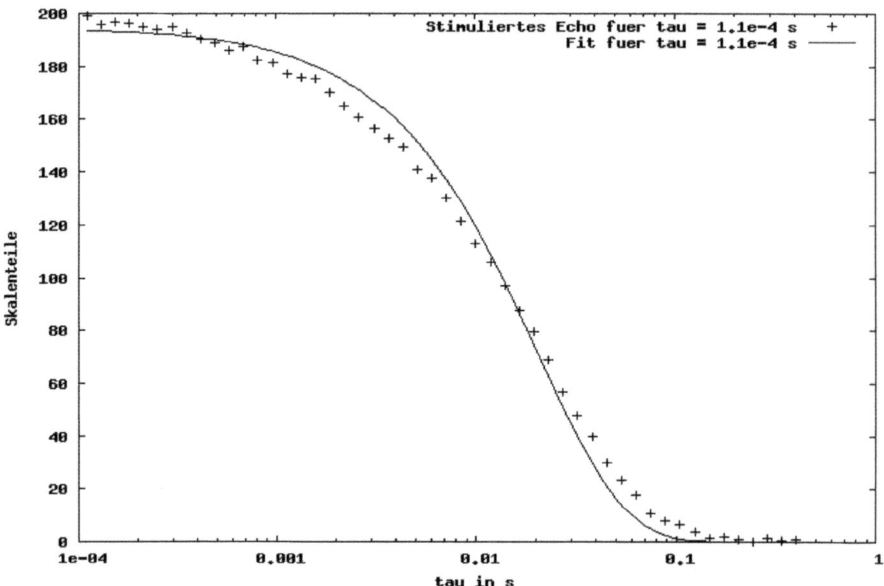

(Abb. 11: Stimuliertes Echo der Zeolith-A-Kristalle für $\tau = 1{,}1 \cdot 10^{-4}$ s mit logarithmischer x-Achse bei der Temperatur $18{,}473°C = 291{,}6230$ K)

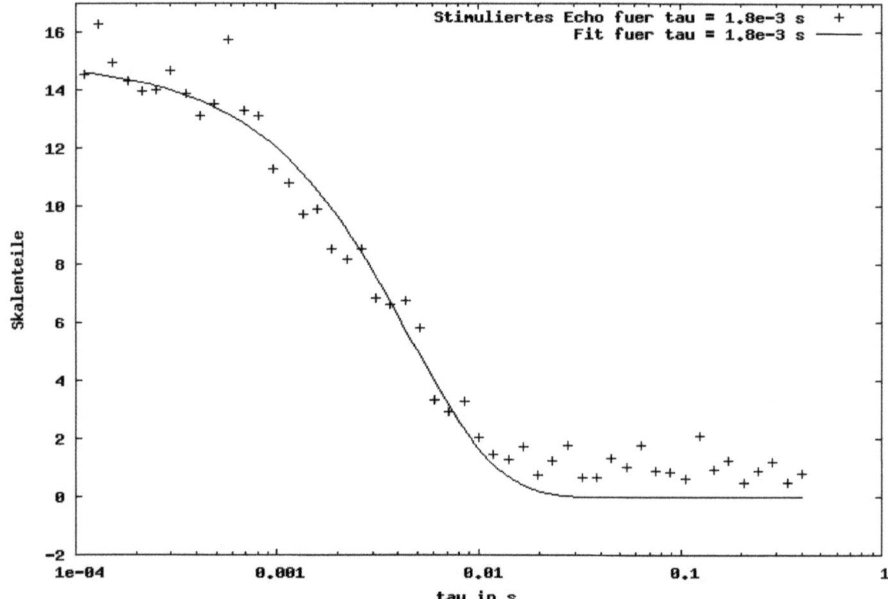

(Abb. 12: Stimuliertes Echo der Zeolith-A-Kristalle für $\tau = 1{,}8 \cdot 10^{-3}$ s mit logarithmischer x-Achse bei der Temperatur $18{,}473°C = 291{,}6230$ K

Literaturangaben:

-Versuchsanleitung
-Ch. Kittel: „Einführung in die Festkörperphysik" - Oldenbourg, 2002
-T.C. Farrar, E.D. Becker: „Pulse and Fourier transform NMR" - Academic Press, 1971
-Manfred Holz, Stefan R. Heil und Antonio Sacco: „Temperature-dependent self-diffusion coefficients of water and six selected molecular liquids for calibration in accurate ^{1}H NMR PFG measurements"; Veröffentlicht in „Physical Chemistry Chemical Physics" Vol. 2 (2000), Seiten 4740-4742